厨房解放计划之洗碗机

Kitchen Liberation Plan

Dishwasher

中国洗碗机消费普及组委会◎著

U0965958

中国轻工业出版社

图书在版编目（CIP）数据

厨房解放计划之洗碗机 / 中国洗碗机消费普及组委会著. -- 北京：中国轻工业出版社，2025. 9. -- ISBN 978-7-5184-5692-5

Ⅰ. TM925. 58

中国国家版本馆CIP数据核字第20259TH709号

责任编辑：王　宁

策划编辑：陈　萍　　责任终审：高惠京　　封面设计：董　雪

版式设计：锋尚设计　　责任校对：朱燕春　　责任监印：张　可

出版发行：中国轻工业出版社（北京鲁谷东街5号，邮编：100040）

印　　刷：鸿博昊天科技有限公司

经　　销：各地新华书店

版　　次：2025年9月第1版第1次印刷

开　　本：787 × 1092　1/32　印张：4.5

字　　数：90千字

书　　号：ISBN 978-7-5184-5692-5　定价：38.00元

邮购电话：010-85119873

发行电话：010-85119832　010-85119912

网　　址：http://www.chlip.com.cn

Email：club@chlip.com.cn

250882Z1X101HBW

编委会

序1

家用电器的发明和发展是为了让人们的生活更方便。中国改革开放近50年来，随着人们收入的增加，中国家电制造业从零起步，高速发展为全球家电制造之最、全球家电科技创新的引领者。与此同时，家电的消费普及率也从零起步，中国快速成为全球最大、最活跃的消费市场。

在这波澜壮阔的历程中，洗碗机作为“后起之秀”，折射出中国家庭消费升级的轨迹。我国洗碗机制造能力早在2000年以前就成熟了，大批量出口至今已有20多年的历史，2024年出口量达700多万台。但由于种种因素，内销市场并不活跃。直到2010年左右，洗碗机国内市场才真正启动，随后进入消费普及期。2021年，我国洗碗机零售额突破百亿元大关，2024年零售量近230万台。

从功能上看，洗碗机与家庭中的刚需品类——洗衣机同属清洁类产品，两者在解决家务劳动方面的效果也很相似，这意味着洗碗机有望发展成类似于洗衣机的刚需品类。在我国，洗衣机是最早普及的家电产品，市场规模已超过千亿元。洗碗机作为当下家电行业中为数不多的发展空间巨大的品类，随着市场的不断发展和成熟，未来或将成为厨电行业中规模最大的品类。

然而，我国洗碗机市场目前的渗透率仅4%左右，仍处于萌芽期，这一数据与我国的制造能力、消费能力不在同一频道上。人均GDP略低于我国的土耳其仅用了30年的时间，就将洗碗机市场的渗透率从0提高到90%，甚至超过了美国、德国等较早普及洗碗机的国家。洗碗机在中国的制造历史近30年，市场发展15年，为什么我国洗碗机市场的渗透率并未得到快速提升，甚至近两年的增长势头还有放缓的迹象呢？

作为家电人，同时也是洗碗机的消费者，我们知道洗碗机的诸多好处。洗碗机省水、节能，喷淋臂的设计相较于手洗具有更强劲的洗涤能力，大部分洗碗机的耗水量仅为手洗用水量的1/3；洗碗机能通过高温水流、烘干、紫外线等方式杀菌，做到洗消烘存一体；大容量洗碗机不仅能洗碗，锅碗瓢盆还都可以“一锅端”；除了嵌入式外，台式、水槽式、抽屉式等多种灵活形态，让厨房空间的利用更合理……这些优点关系到家里的水费和社会资源的合理利用，关系到我们的健康，都是大事儿！

为什么有这么多好处的洗碗机，不像其他家电普及得那么顺畅？这个问题一直困扰着家电人。从客观原因来看，部分住宅的厨房空间对洗碗机不够友好。不过据我观察，有的家庭因为想用洗碗机，厨房再没地方，也要想出办法挤出位置安个洗碗机用起来，比如选个台式的。其实，除了客观原因外，更多的是主观原因。当下很多的消费者对洗碗机的价值认识依然不足，有很多认知误区。例如很多人觉得洗碗机“费水”“不如手洗干净”“老房子没法装”“不适合中式餐具”“洗个碗是简单的事儿”等，这些固有观念和信息滞后影响着消费者购买和使用洗碗机。

作为家电人，我深知洗碗机带给我们的好处，也希望让更多人知道它的好，让它助力我们的美好生活！

从2017年开始，中国家电网主动扛起了宣传推广洗碗机的担子，从洗碗机消费普及1.0持续做到2025年的9.0。这个团队为洗碗机消费普及做过许多事情，如每年召开洗碗机行业高峰论坛，汇聚行业力量共同推动消费普及。同时，举办很多“接地气”的终端行动，改变消费者对洗碗机的认知。例如，2023年洗碗机进万家计划通过“百台免费、万台优惠”活动，吸引3.38万名消费者参与；2024年举办“手洗VS机洗大作战　洗碗机消费普及活动8.0节水课堂”，走进热门商圈，在寓教于乐中深度影响消费者。

当然，还包括编写这本书！这是一本第三方客观系统输出的关于洗碗机的书籍，旨在得到用户关注、帮助用户答疑解惑、指导用户购买和使用洗碗机。它集结了洗碗机行业的集体智慧，是一份产业和消费者的对话，同时也承载着推动品类普及、重塑消费者认知的重要使命。洗碗机发展到今天，这是第一本。

洗碗机的发展不仅是中国家电先进制造、技术跃迁的进程，也是消费升级、理念随时代变化的必然。这不只是一个家庭增加了一种电器的过程，更是一种生活观念的变化，让人们从重复劳动中解放出来，把时间还给生活本身，让社会资源有效利用，让健康离我们更近。

然而，这需要行业与消费者的双向奔赴。我相信，随着消费观念的逐渐成熟，洗碗机终将像洗衣机一样成为每个家庭不可或缺的伙伴。本书呈现的不仅是产品的功能与价值，还是一份关于“如何让生活更美好”的提案。

未来已来，唯变不变。愿本书能成为您了解洗碗机的第一扇窗，重新认识洗碗机，开启高效、健康、可持续的厨房新体验。

中国家用电器协会

2025年7月

序2

2025年是finish亮碟品牌与洗碗机共同走过的第72个年头。经过多年对全球消费者的研究，我们发现中国消费者与全球其他地区的消费者一样，面临着对手洗碗的困扰。繁重的人力劳动、惊人的水资源浪费、宝贵的时间消耗，以及潜藏的细菌滋生风险，这些痛点击中了现代生活的核心。而洗碗机的出现，为这些问题提供了更优的解决方案。

在中国消费者的认知中，洗碗机不仅意味着解放双手的便捷，还代表着一种值得信赖的生活方式。它能确保餐具达到手洗难以企及的卫生标准，通过高效清洁与快速干燥技术让每一件餐具重现晶莹光泽；同时，其环保特性——显著的节水和节能效果，也与当代可持续发展的理念高度契合。

在影响洗碗效果的四大关键要素中，手洗仅能通过机械力这个单一变量实现清洁效果，而机洗则能通过洗碗机性能和专用洗涤剂的协同增效，显著提升清洁效能。正是这种系统化的解决方案，让finish亮碟持续深耕中国本土化研究：从分析中式餐饮特有的油污类型（如火锅油脂、蒸煮淀粉等），到研究不同材质和形态（如陶瓷碗、筷子等）的清洁需求；从适配本土洗碗机的水流系统，到优化洗涤剂的投放逻辑。我们与中国主流洗碗机品牌的深度合作，正是为了打造真正符合中国厨房场景的洗涤方案。

数据最能说明问题：在清洁同等数量的餐具时，机洗比手洗快14倍，耗水量仅为1/3，并能有效清除99.99%的致病菌（包括幽门螺杆菌、金黄色葡萄球菌等）。这种卓越的性能源于洗碗机专用洗涤剂的科学配方：碱性成分瓦解顽固油污，生物酶精准分解蛋白质与残留淀粉，活性氧攻克茶渍和咖啡印，表面活性剂形成防二次附着屏障，而抗硬水成分则确保清洁效果始终如一。相较之下，普通手洗剂仅含基础清洁成分，功能维度显得尤为局限。

品质是finish亮碟的生命线。从消费者洞察到原料遴选，我们建立了一套超越欧盟标准的品控体系：全球顶级供应商网络保证原料纯度，中德研发中心40年配方经验沉淀专业智慧，德国安全专家团队为产品保驾护航。我们还会对原材料的安全性和稳定性做固定的测试，确保产品在有效期内有着良好的性能状态。

作为中国洗碗机普及的推动者，我们深知消费者教育的重要性。通过与行业伙伴的协作，我们在社交媒体平台持续输出科学知识，帮助消费者建立正确认知——无论是洗碗机的使用技巧，还是对清洁效果的合理预期。

归根结底，机洗代表的是更高效、更彻底、更智能的清洁革命。作为行业引领者，我们始终致力于通过创新洗涤剂技术、完善产品标准、优化用户体验，让每个家庭都能享受到科技带来的美好生活。

愿本书成为你探索洗碗机世界的钥匙。当水流在机舱内循环，蒸汽裹挟着柠檬清香升起时，你收获的不仅是光洁如新的餐具，还是与家人共度的珍贵时光。让我们携手，以科技之力，让生活回归本该有的模样。

利洁时全球研发创新中心 亮碟研发总监 Pavlinka Roy

2025年7月

前言

在中国家用电器协会的指导下，2017年，我们举办了首届“洗碗机消费普及活动”。一路走来，我们见证了中国洗碗机市场稳健且富有活力的发展历程，以及洗碗机市场从初始普及到如今零售额突破百亿元的一路耕耘和收获。

回望洗碗机行业的发展轨迹，自2015年起，水槽式洗碗机等适配中国厨房、中式烹饪需求的产品陆续推出，市场由此开启一轮爆发式的增长，这些洗碗机也成为家电领域最具增长潜力的新兴品类。如今，随着消费升级浪潮的兴起，消费者对品质生活的追求越发强烈，洗碗机所代表的便捷、高效和健康的生活理念正好契合这一时代趋势，因而受到更多消费者的关注。

然而，在市场蓬勃发展的背后，我们也察觉到消费者在选购、使用洗碗机的过程中仍然存在着诸多困惑与误区：中老年人受节俭习惯和传统观念的影响，对洗碗机价格敏感，质疑其清洁、节水效果；年轻一代虽追求便捷，但在面对不胜枚举的功能和款式时感到无所适从。例如，在容量选择上，不清楚什么规格的洗碗机适合自家人口数量；在清洗能力上，不了解怎样的技术配置才能洗净中式烹饪的重油餐具；在安装方式上，也不确定何种类型的洗碗机契合自家厨房格局。同时，关于洗碗机费水费电、洗不干净和一些功能上的误解，也在一定程度上阻碍了消费者接纳这一产品。

为了帮助广大消费者更好地了解洗碗机的优势，掌握正确的使用方法，我们精心编写了这本《厨房解放计划之洗碗机》。本书汇聚了行业专家及相关企业的智慧与力量，旨在以通俗易懂的语言、生动形象的案例，深入浅出地为读者剖析洗碗机的方方面面，将其“真香”之处毫无保留地呈现出来。

在内容编排上，我们从洗碗机的诞生、核心功能，到如何根据不同家庭需求挑选合适的产品，再到日常使用中的技巧、维护保养要点，以及它在洗碗之外的其他生活场景中的拓展应用，都进行了阐述。无论是对洗碗机一无所知的新手，还是已经在使用过程中遇到问题的用户，都能从本书中找到实用的信息与解决方案。

我们衷心希望本书能够成为消费者了解、使用洗碗机的得力助手，成为推动洗碗机市场持续健康发展的长效资产。让更多的家庭认识到洗碗机的价值，真正实现从烦琐的家务中解放双手，拥抱更加便捷、高效、美好的品质生活。

让我们携手共进，一同开启厨房解放的美好旅程！

本书的编写得到洗碗机行业头部及上游企业的大力支持和帮助，在此向所有支持本书编写的人员表示衷心感谢。

由于行业技术发展日新月异，书中难免存在疏漏和不当之处，恳请广大读者批评指正。

中国洗碗机消费普及组委会

2025年7月

目录

第一章

洗碗机竟是隐藏的厨房“顶流”

1. 人类和洗碗的“爱恨情仇”竟催生了洗碗机

从古至今，洗碗这件事简直是厨房界的难题，左手油乎乎的锅碗，右手皱巴巴的抹布，多少家庭因为“今晚谁洗碗”上演战争片。

人类为了逃离洗碗苦海，从1850年就开始琢磨洗碗“神器”！先是美国有个叫乔尔·霍顿（Joel Houghton）的狠人搞出了个手动洗碗装置，也申请了专利。该装置由木材制成，使用时用手摇动摇臂，将水喷洒到餐具上。但这手动装置洗半小时，碗洗没洗干净先不说，手肯定起泡，费时费力，还不支持热水洗涤。

真要说洗碗机发明人还得是来自美国的约瑟芬·科克伦（Josephine Cochrane）。作为19世纪的社交界名媛，她家里经常开派对，可仆人们洗她心爱的瓷器时总碎得稀里哗啦，心疼到“滴血”的她一拍大腿：“必须整个机器！”

靠爹（机械工程师）和姥爷（蒸汽船发明家）的硬核基因加持，她拽着工程师朋友研究一番，在1886年捣鼓出了第一台实用洗碗机。这台机器在前人设计的基础上做了很大的改良，创新之处是加入了水泵，利用高压水流来清洁餐具，而且有多角度的出水喷淋口，还支持热水洗涤，这让洗碗机的洗涤效果得到了极大的提升。在1893年的芝加哥世博会上，这台机器2分钟狂洗200多个盘子，直接拔得头筹，把同期选手卷到怀疑人生！虽然还是手动款，但是该洗碗机的设计在原理上与当今的电动洗碗机已基本类似。

直到1929年，德国美诺公司（Miele）弄出个铁箱子似的电动洗碗机，标志着洗碗机从纯粹机械装置向家居电器转变。1953年，美国通用电气公司（GE）推出第一台电动台式洗碗机，提升了洗涤性能和外形设计，更符合家庭使用需求，促进

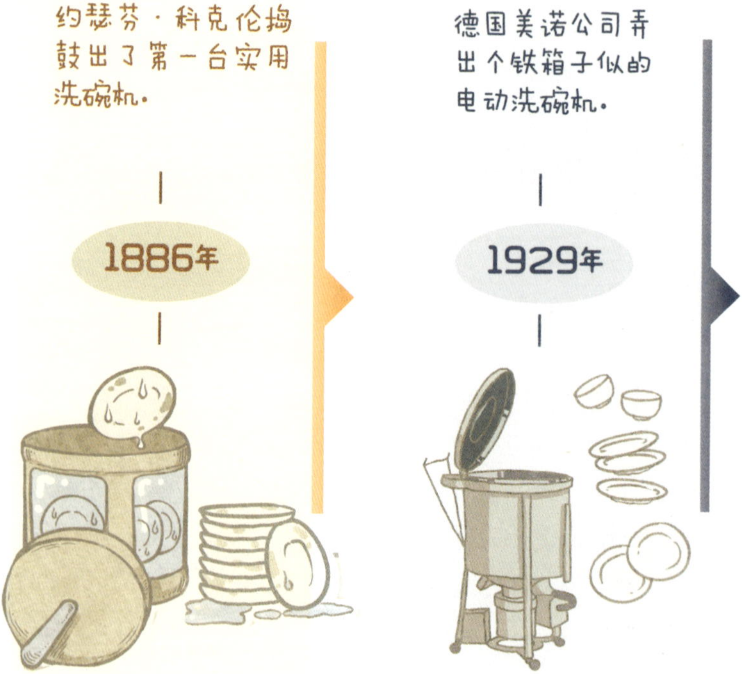

了洗碗机在家庭中的普及。

1978年，美诺公司制造出世界上第一台微电脑控制型洗碗机，人和机器的配合更加密切，良好的洗碗性能使越来越多的家庭愿意为洗碗机买单。

如今的洗碗机，除基本清洗功能外，还具备烘干、除菌、消毒等功能，外观设计时尚美观，与厨房装修风格相匹配，成为家庭不可或缺的厨房电器。

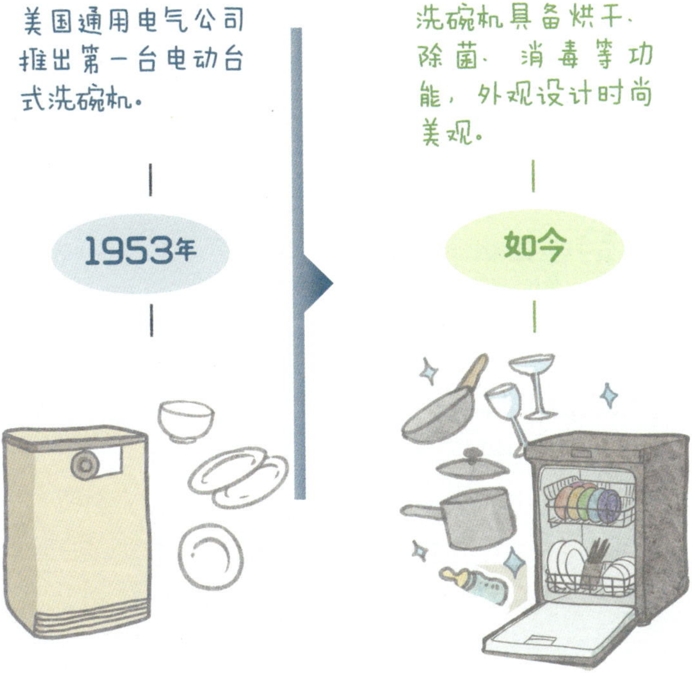

2. 洗碗机“飞入寻常百姓家”

在国内，1991年广东顺德生产出第一台国产洗碗机。随后也有其他企业引进欧洲设备进军洗碗机行业，但因产品不符合国情、价格高等因素，很快退出市场，随后国内洗碗机市场进入蛰伏期。

直到2010年，一系列国产“狠角色”杀进市场。2015年，水槽式洗碗机的推出，标志着洗碗机产品开启了本土化创新探索的新篇章。总的来看，国内洗碗机的发展经历了以下4个阶段。

起步期
（20世纪80年代末）

有企业引进生产线，结果产品“水土不服”，价格又高，没撑多久就“闪退”了。

探索和立足期
（1990—2010年）

内销不行，就出口代工攒经验，修炼“生产内功”，属于蛰伏阶段。

市场起步期
（2010—2015年）

国内头部厂商成立洗碗机部门，同时一些进口品牌也进入国内大型零售商场，洗碗机市场真正启动。

快速普及期
（2015年至今）

伴随着消费升级的东风，嵌入式、大容量、洗消烘存四合一产品推向市场，功能更适合中国家庭，价格也越来越亲民。

现在市场上的洗碗机产品不胜枚举，主流品牌靠“接地气”的产品“圈粉”无数，总有适合你的一款。

3. 洗碗机的“黑科技”

在中国厨房中，烹饪方式丰富多样，但煎炒烹炸也常让碗底油垢厚重。以前有人质疑“洗碗机洗不净中国碗”，如今洗碗机用“黑科技”实力回应。

硬核功能	1	高效洗净与油污歼灭	• 多维度喷淋 • 高温高压水流 • 专用洗涤剂
硬核功能	2	洗消烘存一体化与健康守护	• 高温杀菌、抑菌功能 • 烘干、紫外线
硬核功能	3	省水节能巧设计	• 循环节水设计 • 智能水量调节 • 低耗节能认证
硬核功能	4	厨房空间魔法与智能交互	• 嵌入式设计 • 智能“卷王”附体
硬核功能	5	收纳王者	• 灵活收纳设计

硬核功能 1 高效洗净与油污歼灭

采用多维度喷淋系统，搭配高温高压水流，再加上洗碗专用洗涤剂，针对中式厨房的重油污场景，可深度清洁碗底、锅盖等顽固污渍，即使是糊满火锅底料的餐具也能洗净。

硬核功能 2 洗消烘存一体化与健康守护

洗碗过程中通过高温水流、烘干、紫外线等方式杀菌；结合洗碗机内壁抑菌设计，减少细菌滋生，守护餐具卫生。

通过冷凝、热泵、吸附式等烘干方式，洗碗机腔体和餐具彻底干燥，避免水珠残留导致霉菌问题，烘干后的餐具可在机内安全存放。

硬核功能3 省水节能巧设计

洗涤时通过过滤装置，使水能循环使用，单次洗涤耗水量仅为手洗的1/3，比传统手洗更省水。

根据餐具数量及油污程度，选定合适程序，机器会匹配适合的水量，避免水资源浪费，兼顾清洁与节水。

多数机型通过国家一级能效认证，更省电，日常使用成本更低。

硬核功能4 厨房空间魔法与智能交互

通过嵌入式设计，洗碗机与橱柜完美融合，节省厨房空间。

支持手机App远程操控，随时可预约洗碗；自动检测污渍程度，智能调节洗涤时长和水温；套系化搭配烟灶等家电，助力厨房整体智能化升级。

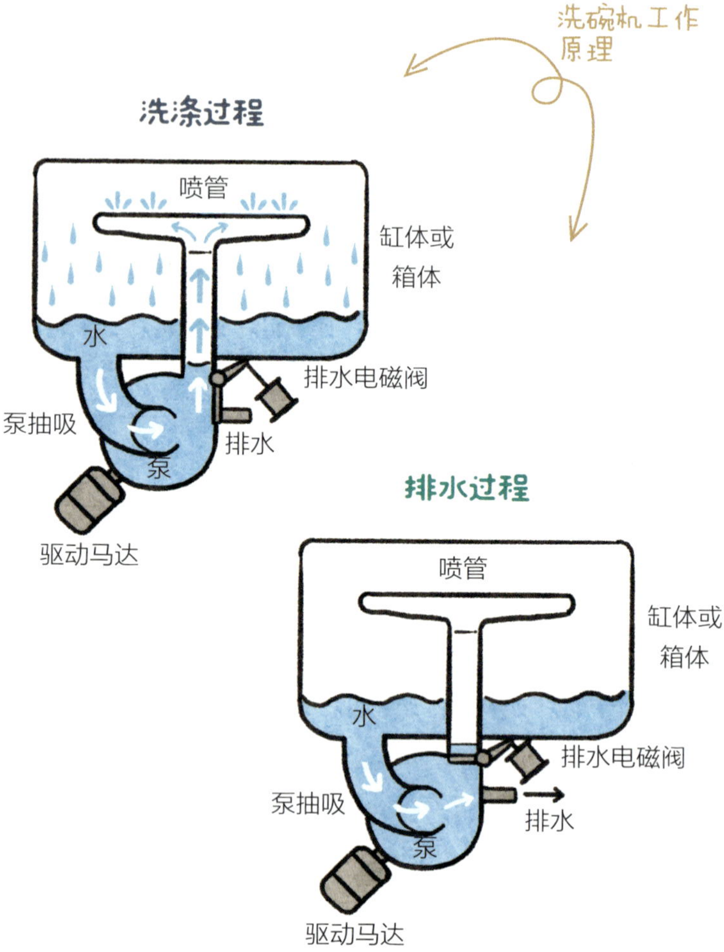
洗碗机工作原理
洗涤过程
喷管
缸体或箱体
水
排水电磁阀
泵抽吸
排水
泵
驱动马达
排水过程
喷管
缸体或箱体
水
排水电磁阀
泵抽吸
排水
泵
驱动马达

硬核功能 5　收纳王者

通过灵活的收纳设计，内部碗架可按需调节，大汤碗、小茶杯、异形餐具等都有专属位置，洗完后直接作为餐具收纳柜，解放传统碗柜空间。

大容量碗篮能容纳炒锅、汤盆等大件，三层设计分类收纳筷子、勺子等，上层专放小件，解决餐具收纳难题。

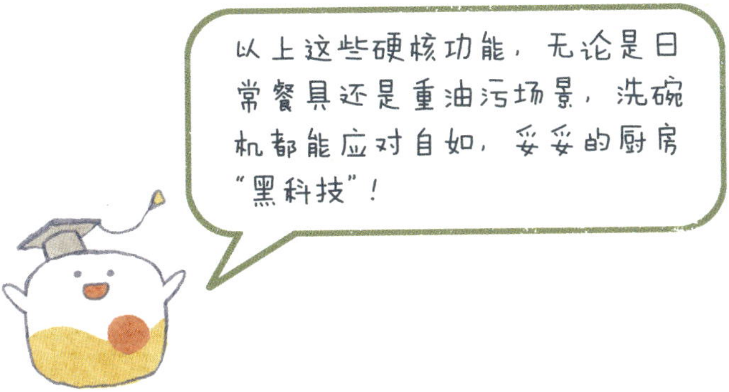

第二章

洗碗机：十全十美，当代人离不开

1. 环保小能手！比手洗省水70%

以前用手洗碗，一盆水刚泡完碗，就浑浊得像肉汤。用洗洁精搓洗后，还得反复用水龙头冲刷几遍，水流像小瀑布一样……这哪是洗碗，分明是在浪费水资源。但洗碗机一登场，直接变身“节水特种兵”！

先算一笔水费账，手洗一家三口一顿饭的碗，约需25升水，碰上油乎乎的红油火锅或者堆积如山的餐具，水量直接飙升至50升以上。而洗碗机走的是“环保洁净路线”，每次用水约2.5升，通过喷淋臂将高压热水无死角地“疯狂扫射”，水流经过过滤器后，再反复循环冲刷，最后将污水排出。随后还要多次用活水漂洗，既保证去除污垢，又保证漂洗干净。主流洗碗机洗一次碗仅需8～15升水，相比于手洗能省水70%。

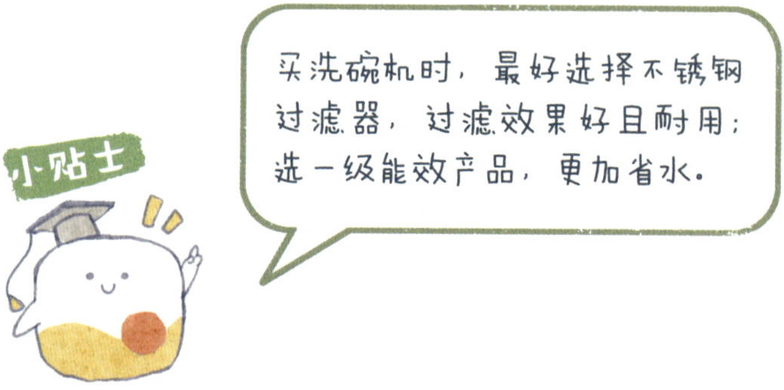

x10
x3

2. 除菌率99.99%，幽门螺杆菌无处逃

冷水洗碗，细菌无法彻底清除，就算用热水，水温也无法达到杀灭细菌的温度要求。碗底、杯沿这些死角，细菌更像“钉子户”赖着不走。更别提幽门螺杆菌藏在餐具缝隙里搞事情，一不小心全家肠胃就中招！

有了洗碗机就不一样了，它直接化身为“细菌粉碎机”，再也不用担心幽门螺杆菌威胁全家健康了。

经过高温消毒煮洗，再加上高压水流冲刷，像无数个小拳头猛捶细菌；洗完还有高温热风烘干，部分高端洗碗机还带UVC（紫外线C波段）“秘密武器”，直接断了细菌“潮湿繁殖”的后路，洗碗机除菌率可达到99.99%及以上［符合标准《家用和类似用途洗碗机的抗菌、除菌功能技术要求及试验方法》（QB/T 5133—2023）］，用起来更安心！

1	脊髓灰质炎病毒		去除率≥99.99%
2	大肠杆菌		去除率≥99.99%
3	幽门螺杆菌		去除率≥99.99%
4	金黄色葡萄球菌		去除率≥99.99%
5	噬菌体病毒	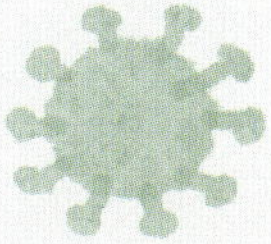	去除率≥99.99%

3. 宝宝餐具秒变“无菌堡垒”

你还在为洗宝宝餐具而崩溃吗？

洗碗机直接变身育儿“外挂”，把宝宝餐具炼成“无菌堡垒”，省心程度直接拉满！

先看看宝宝餐具多难搞，奶瓶、辅食碗、硅胶勺，奶渍、果泥黏糊糊的，手洗时还得用婴儿专用清洗剂，反复冲刷多遍，生怕化学残留物伤害宝宝。更头疼的是“细菌焦虑”，宝宝肠胃非常娇弱，普通手洗温度不够，细菌、霉菌疯狂繁殖，一旦“病从口入”，影响孩子身体不说，宝妈直接好几个晚上别想睡觉。

但洗碗机一来，直接解决这个育儿难题。

它有洗奶瓶或类似洗涤程序，高温喷淋+长效除菌，把奶渍、米糊冲得干干净净；高温水流及烘干还能消灭大肠杆菌、霉菌孢子。更绝的是，不用宝妈弯腰洗刷了，把一堆辅食碗、奶瓶塞进洗碗机，该陪娃玩陪娃玩，该追剧追剧，洗完直接拿出“无菌新餐具”，宝宝抓着啃都放心！

4. 懒人必备！每年多约5天自由时间

洗碗机是为忙碌的现代人量身定制的省时“神器”，每天多睡1小时，这爽感直接拉满！

先算算用手洗碗有多“吞时间”

吃完饭，碗碟一推，磨蹭半小时才开洗，洗洁精挤一挤，抹布擦一擦，水龙头冲一冲，碰到油重的锅，还得用钢丝球“暴力刮痧”，折腾20分钟起步！要是碰上聚会，碗碟堆成山，洗碗能耗掉1小时，把快乐时光全耗光了！还有，洗完碗要等餐具晾干，再放进碗柜或消毒柜，一套“组合拳”下来，没有1小时搞不定。

洗碗机一登场，直接开启“躺平模式”

吃完饭，只需花5分钟，碗碟往机器里一摆，洗涤剂一放，按下启动键，剩下的都交给洗碗机。不管油污多厚、碗有多少，它自己埋头干活，而且它一直勤勤恳恳，不会偷懒。不像手洗，越洗到后面越不想洗。其间，咱还能刷手机、追剧、打游戏，甚至直接倒头补觉！等洗碗机“嘀”一声，碗碟已经干干净净。

算笔时间账

就按一天节省20分钟洗碗时间计算，一年就是7300分钟，约121小时，相当于一年能多出约5天的自由时间。

现在每天最期待“洗碗机时刻”，听着它运转的声音，感觉不是在洗碗，而是在给自己的人生“偷时间”！以前因为洗碗拖延烦躁，现在全交给洗碗机，终于实现“人生躺赢”，这波“时间自由”必须锁死！

5. 婚姻“急救包”！少洗一次碗，感情回春一大步

多少婚姻折戟在洗碗池边？

洗碗机直接变身婚姻“急救包”，少洗一个碗，感情直接回春，拯救无数围城男女！

先复盘经典吵架名场面：吃完饭，碗碟一推，“你去洗”“凭什么我洗”“你最后吃完的”……从拌嘴升级到翻旧账，好好的温馨晚餐秒变战场，多少爱意被冷水泼没了，多少耐心被碗碟磨没了！手洗碗就像婚姻里的“定时炸弹”，每次爆炸都炸出一堆矛盾：谁更累、谁更懒、谁该做家务，越吵感情越凉。

但洗碗机一进场，直接“拆弹”！

吃完饭，两人不用互相甩锅，一起把碗碟塞进洗碗机，按下启动键，就完成了家务交接。没有了洗碗争吵，话题都变成“去哪溜达溜达”“今晚看场什么电影”等。

关键是——不会再因为“谁洗碗”伤感情了！

以前为洗一个碗冷战三天，现在少了这茬，感情直接回春，连看对方都顺眼了！

现在每次用洗碗机，都感觉在给婚姻“续费”——以前洗碗是战场，现在是共同协作的小浪漫。

碗洗完了，感情也升温了，邻居都好奇：“你们咋不吵架了？”

咱就偷笑，“秘密武器”是洗碗机！

6. “火锅局”碗碟堆成山，它直接“一键清零”

洗碗机绝对是聚会“外挂”！

无论是各种“火锅局”，还是碗碟堆成山，它直接“一键清零”，让聚会爽到飞起，再也不用为收尾而崩溃！

麻辣锅、番茄锅、鸳鸯锅……吃完，锅碗瓢盆全是红油、残渣，碗里还有剩下的芝麻酱，盘子摞成小山，光想想洗碗就头大！以前聚会后，总得吭哧吭哧地刷碗，加上各种收拾，基本得超过1小时，从热闹聚会跌到孤独洗碗，快乐直接减半，下次聚会都有心理阴影了！

但洗碗机一出手，直接开启“躺平聚会”模式！

火锅吃完，把油乎乎的碗碟、沾着底料的锅具一股脑儿塞进洗碗机，按下启动键，该聊天聊天，该玩游戏玩游戏。

等聚会散场，洗碗机“嘀”一声，打开门，锅底红油全被冲掉，碗碟锃亮，连火锅味都被烘干净了，仿佛刚摆好的新餐具！

7. 洗锅“神器”！告别锅底的陈年老灰

你是不是还在为洗锅而崩溃?

经常洗锅的都知道，煎蛋煳了的煎锅、顽固油垢的炒锅、陈年老汤的炖锅，这些在清洗时都得用钢丝球疯狂搓擦，用指甲抠，用抹布擦……累得手酸心烦，锅底却还留着“战斗痕迹”。尤其是铁锅、珐琅锅，暴力刷洗还容易伤涂层，锅没洗干净，涂层先报废!

但洗碗机专治各种“锅碗不服”!

把脏锅往洗碗机里一塞，有些洗碗机还有升降碗篮功能，能放一些很高的锅。选择相应程序，高温高压喷淋直接对锅具进行全面“轰炸”：高温水流+高压冲刷，像无数个小刷子猛冲各种焦煳渍，陈年油垢直接被清洗干净。洗完打开门，锅底亮得能照镜子，连锅沿缝隙里的残渣都被冲掉，锅像新买的一样!

洗碗机不是洗锅“神器”，谁是!

8. 长效抑菌，告别“隔夜碗焦虑”

很多人觉得用洗碗机洗碗，洗完必须取出，不然容易再次滋生细菌。但现在的洗碗机直接打造“无菌存储舱”！

洗完碗后，它有“长效抑菌模式”，通过热风烘干让内腔

保持干燥、温热，细菌根本无法滋生，达到抑菌的目的。就算碗碟在洗碗机里放一晚上，第二天拿出来，也还是干爽、没异味，和刚洗完一样！相当于给餐具上了“保鲜膜”，隔夜放也不怕细菌搞事情。

“隔夜碗焦虑”直接被洗碗机治好了！长效抑菌，碗碟放一晚上甚至更长时间都不怕，安全感直接拉满！

选洗碗机时，记得选存储能换气的，保证内胆空气干净。另外，购买带存储功能的洗碗机时，最好选择过滤器无残水的，这样餐具存储几天也不会返潮。

9. 不划花、不褪色，呵护高端餐具

洗碗布粗糙，擦碗时容易刮花釉面；钢丝球更狠，不锈钢餐具容易被擦出划痕，陶瓷碗碟则直接“毁容”；就算用软布，手洗力度难控制，贵重餐具洗完像经历了“暴力摧残”，光泽度都少了几分，心疼到“滴血”！

洗碗机还是“温柔派”

洗碗机清洗高档餐具不划花、不褪色，手洗都不敢这么宠，直接把餐具呵护成“小公主”！

选择洗玻璃或类似程序，它通过高压喷淋臂360°冲刷，水流均匀又轻柔，配合专用洗涤剂，温和分解油污，不会磨损餐具表面。无论是骨瓷碗的细腻釉面，还是不锈钢餐具的抛光层，甚至是高档红酒杯，洗完都锃亮如新。划痕？褪色？不存在的！相当于给餐具做了次“深度护理”，越洗越有光泽。

一些釉上彩或高定餐具不建议放入洗碗机里清洗，图案没有釉面保护，可能会被洗碗机清洗掉。

第三章

选洗碗机就像选对象，适合的才是最好的

1. 厨房空间“变形记”

巧装洗碗机，空间不打架。现在洗碗机已不再是厨房的奢侈品，而是解放双手的必需品！不同安装方式巧妙适配各类厨房场景，让每一寸地方都能发挥最大的价值！

（1）小厨房救星！千元台式机直接“上车”

台式洗碗机就和你家微波炉差不多大，往台面上一杵，不拆你家橱柜，不占宝贵地面！

安装，那叫一个方便！基本上无须安装，直接摆在台面上，挨着水槽就行！管子一插，水龙头一接，排水管往水槽里一扔，搞定！

搬家，拔了线扛起就走，潇洒得不得了！

对比那些需要定制橱柜，还要请师傅安装，装完就很难挪动位置的嵌入式洗碗机，台式机就是自由的“小精灵”。

肚量嘛……精致小胃口！通常4～6套。日常碗、盘、杯子洗得嗖嗖的，但大汤碗、炒锅就别妄想了！家里人口一多或者吃顿火锅，可能得分批“投喂”它。

先扫盲：洗碗机的“套数”是什么

国际通用的“套”（Place Setting）指的是一人一餐的餐具用量，通常包括：

1个饭碗	1个菜盘	1个汤碗
1个杯子	1个汤勺	1副刀叉（筷子）

但注意！这只是理论值且有标准尺寸，实际能塞多少，还得看你的餐具形状、尺寸以及你的摆放技术或你的懒惰程度。

适合空间紧张、装不了“大家伙”的厨房

1. 蜗居小厨房/单身公寓：巴掌大的地方，橱柜挤不下，它就是你的“天选之子”！

2. 精装房/出租屋：橱柜开发商早装好了，房东不让动一砖一瓦，台式机不打孔、不改造，随时跟你浪迹天涯！

3. 老破小厨房：格局定死，找不到地方塞大洗碗机，台面给它腾个窝！

4. 嵌入式搭档：家里已有主力嵌入式机，聚会碗多，把它放岛台当洗杯子/小件专用机，正好！

小贴士

它省了橱柜和地面，但占用台面！如果台面本来就挤得像早高峰地铁，放了它切菜都没地方的话，那你还得掂量掂量！

谁能适配这位“台面战神”

1 小家庭/独居贵族：一人食，碗碟不多。

2 精致分餐派/即用即洗党：习惯每顿饭后刷碗或吃饭顿数不多，小容量正合适！

3 租房一族：安装“零门槛”，搬家抬腿就走。租房也能轻松拥有“洗碗自由”！

4 持家省钱小能手（入门版）：想试试洗碗机香不香又怕花大钱，台式机是尝鲜首选！

5 大洗碗机也想找搭档：家里有主力机了，用它专洗早餐杯、咖啡杯、奶瓶、宝宝餐具，分工合作美滋滋！

一句话总结

台式洗碗机，小巧灵活+安装简单（零改造）+价格“接地气”！

(2) 独立“大佬”！厨房“C 位”非它莫属

如果说台式机是灵活娇小的“精灵”，那这位绝对是洗碗机界的“擎天柱”！

家里碗碟堆成山，炒锅、汤锅堆满水槽……独立式洗碗机则专治各种“碗多恐惧症”和“安装选择困难症”！

1 容量之王

它的容量足够大，能洗16套或者更多。全家的锅碗瓢盆、杯子、筷子、砧板（非木质），甚至油烟机滤网……通通扔进去！一餐一锅洗，“火锅局”、家宴更是它的高光时刻，洗碗机界“全家桶”担当非它莫属！

2 免嵌入、免改造

不用对橱柜大动干戈，不用纠结橱柜尺寸，哪里有空位（且有上下水和电源），哪里就是它的地盘！冰箱旁边、阳台角落、水槽隔壁，通通都行！核心就一点：得有地方，它需要独立的地面空间！

适合家庭场景

1 厨房空间充足家庭：只要有大约60cm（宽）×60cm（深）×85cm（高）的空地（具体看型号），且附近有电源和上下水，它就是绝配！空间就是王道！

2 不想/不能动橱柜的精装房/老厨房：橱柜改不了，没关系！独立式洗碗机“自立门户”，不和橱柜死磕！阳台如果通水通电且环境合适，也能成为它的“新家”（注意防晒防冻）！

3 阳台改造党/西厨岛台玩家：厨房不够大，把洗碗机请去阳台（做好水电）！或者在西厨岛台旁放一台，动线合理还美观！思路打开，地盘自来！

小贴士

1平方米的地面空间！它虽然省了嵌入式改造的“麻烦”，但实实在在地占了厨房地面，买前务必量好尺寸！

这“大家伙”适合的人群

1 人丁兴旺的大家庭（三口及以上）：每天碗碟堆成山，锅具轮流上阵，它就是你的“洗碗救星”！

2 新婚装修/厨房翻新自由派：橱柜没预留位置，或者就想灵活安排电器位置，独立式给你最大自由度！装修不头痛，随时可调整！

3 阳台空间利用大师：厨房没地方，阳台通水通电且够大够稳，独立式在阳台也能给你一片洗碗的蓝天！

一句话总结

独立式洗碗机，赢在巨无霸容量、安装方便、免厨房改造，但有点儿占地方！

(3) 嵌入式直接高级感拉满

前面“台面战神”(台式)和“自由悍将”(独立式)都秀过“肌肉”了，现在轮到嵌入式洗碗机上演真正的“厨房隐身术”了!

嵌入式分为“全尺寸”“紧凑型”两个派系。

全能洗碗选手+颜值天花板

门板一盖，谁都不爱！机器藏进橱柜里，视觉强迫症、极简风爱好者的福音!

台面解放！地面干净！不占台面，不挡过道，厨房空间利用率拉满！这才是真的省空间!

安装能与橱柜精确匹配！和插电就用的独立式、台式完全不同，嵌入式在装修环节就要提前合理规划好!

全尺寸嵌入式，安装后和橱柜浑然一体!

紧凑型嵌入式，专为橱柜空间有限的家庭设计，灵活“塞缝”，完美直替消毒柜。

小贴士

全尺寸：高度约775mm，宽度约600mm（标准柜体宽度），深度通常配合橱柜≥550mm。
紧凑型：高度约600mm（通常是半高设计，或利用部分地柜+抽屉区域），宽度同全尺寸。

装嵌入式注意事项

1. 装修阶段就要定：水电改造、橱柜设计前必须确定型号和尺寸！

2. 橱柜尺寸是“命门”：开孔尺寸（宽、高、深）必须严格匹配官方要求，门板定制要同步！

3. 水电位置不翻车：电源插座、进水口、排水口等位置必须精准预留！建议放在隔壁柜体（方便检修），别放在机器正后方！

4. 安装师傅很重要：选择专业安装团队！

嵌入式适合人群

1. 新房装修首选全尺寸：厨房设计阶段就决定一步到位，全尺寸嵌入式直接上，颜值性能双顶级！

2. 极简美学/处女座本座：看到台面有杂物就浑身难受，锅碗瓢盆必须隐身，全尺寸嵌入式关上柜门一片清净，治愈强迫症！

3. 极致高品质追求者：要什么都能洗，还要烘得透，又要洗消烘存一体！全尺寸嵌入式才能满足你的极致要求！

4. 橱柜改造党（换消毒柜专业户）：家里有老式消毒柜想升级，紧凑型嵌入式几乎完美平替！

5. 小户型空间极限玩家：厨房小还不甘心，紧凑型嵌入式利用水槽旁、灶下或转角位空间！

6. 精装房后悔党：当初开发商没留洗碗机位置，牺牲部分橱柜空间（或替换消毒柜），紧凑型嵌入式可以解决问题！

一句话总结

选紧凑型还是全尺寸？
要小身材、低改造难度，
替换消毒柜/小厨房救星
→紧凑型！
要顶级容量、性能、无痕
隐身→全尺寸！

（4）水槽式专治“没地方放”

水槽式洗碗机既不是台面上的“小甜心”，也不是地面上的“巨无霸”，更不是柜子里的“隐身侠”……它可以直接替换你家水槽！左槽洗菜，右槽洗碗，体验感拉满！

能装水槽，就能装它

护腰“神器”：不用弯腰，不用蹲下，站着就能塞碗取碗，绝对是腰椎间盘突出患者的福音！对孕妇、老人尤其友好！

绝对大容量追求者，谨慎选择。

但是，它或许也刚刚好。7～13套可选，单层碗架款一餐一洗刚刚好，双层碗架款锅碗同洗也能一次搞定。

瓜果海鲜洗，是它的高光。洗菜、洗小龙虾、洗螃蟹、洗葡萄……这都是它的绝活！残留农药冲得特别溜，爱生食的“洁癖星人”心动了！

你家厨房能召唤这位“终极救星”吗？当然可以！总之，能装水槽就能装它，无论是新装还是换装。

谁适合水槽式洗碗机

1

小厨房空间强迫症患者：地面没空地、没多余橱柜、台面寸土寸金，安装水槽式既不占用台面，也不占用地面，可能是唯一出路。

2

腰肌劳损/腰椎间盘突出/孕妇/老人家庭：冲着“站着就能操作”这独门优势，忍了！容量小也认了，健康刚需无价！

3

果蔬海鲜终极“洁癖”者：洗碗是副业，洗菜才是它的本职工作！对残留农药、螃蟹腥味深恶痛绝者，尽快入手！

4

精装修房后悔人群（水槽位唯一拯救者）：橱柜没预留洗碗机位置，又不想让台式机破坏厨房颜值，拆水槽成了“最后一根救命稻草”！

一句话总结

水槽式洗碗机=站着不弯腰的“神仙体验”+洗菜界“独孤求败”+台面零占用！

如果你腰好腿好空间足，想买容量“超大大大”的洗碗机——出门左转有嵌入式/独立式，不送！

如果你腰废了且台面更废，还有果蔬海鲜清洗需求——那它就是这个世界唯一的“王者”。

（5）抽屉式推拉之间尽显优雅

抽屉式洗碗机堪称厨房里的“优雅舞者”，轻轻一拉即开，餐具取放行云流水。它采用抽屉式设计，安装符合人体工学。抽屉推拉设计节省占地面积，步骤缩减，洗碗更便捷。

谁适合抽屉式洗碗机

1 大小厨房皆适宜：小厨房选单层抽屉式洗碗机不占地，大厨房选双层抽屉式洗碗机容量大。

2 精装房/老厨房改造党：橱柜未预留洗碗机位置，可根据选择进行厨房改造，水槽旁、转角区皆可安置。

3 精致收纳党刚需：推拉设计释放更多厨房进深空间，告别弯腰困扰，人少单层洗，人多双层洗，分区洗好收纳。

谁能适配这位“优雅舞者”

1

怕麻烦人群：洗碗时不用练蹲起，轻松取放碗碟更护腰。上下左右自由组合，抽屉轮流使用方便省事。

2

精致分层洗：碗碟少时，只用一层不浪费；聚会聚餐时，两层空间足够大。

3

空间美学控：既要嵌入式的高级感，又怕麻烦？抽屉式是个好选择，让厨房空间更显整体感与精致度。

一句话总结

抽屉式=优雅推拉体验+免弯腰“黑科技”+容量可选+自由组合。抽屉式洗碗机既能拯救老腰，又能兼顾厨房颜值，它就是你的厨房“隐形好帮手”！

敲黑板！敲黑板！
（没耐心看上面的内容也没关系，
一张表总结如下）

品类	核心优势（必杀技）	注意事项	常规容量	适合家庭
台式洗碗机	①免安装！插电就用 ②搬家自由！随时打走	适合添置	4~6套	1~2人
独立式洗碗机	①“巨无霸”容量！锅碗全包 ②免改造！插电就用	适合添置 厨房空间/上下水位置需确认	15~20套	无限制
嵌入式洗碗机（全尺寸）	①真正的橱柜隐身术 ②容量“王中王” ③洗消烘存顶配	适合新装 橱柜/水电前置设计	15~20套	无限制
嵌入式洗碗机（紧凑型）	①小身材嵌入！省空间 ②完美替换消毒柜	新装/添置皆适宜	10~15套	2~5人
抽屉式洗碗机	①可嵌入地柜或独立摆放 ②不用弯腰就可取放餐具	新装/添置皆适宜	8~20套	无限制
水槽式洗碗机	①站着操作！腰椎间盘突出患者的福音 ②洗果蔬（残留农药的克星） ③台面零占用	新装/添置皆适宜	7~13套	2~4人

(6) 厨房大变身！安装洗碗机不用愁

很多人担心安装洗碗机会很麻烦，需要进行厨房改造，费时费力又费钱。其实，安装洗碗机并没有想象中那么复杂，即使是老厨房，也可以通过局部改造来实现洗碗机的安装。一般厂家都会提供多种安装方案，可以满足不同厨房的需求，轻松实现厨房大变身！

1 局部改造：给厨房“修刘海”

如果你的厨房空间足够，只是没有预留洗碗机的位置，那么可以通过局部改造来实现洗碗机的安装。例如，可以将现有的橱柜进行调整，腾出空间来安装洗碗机。

2 厨房改造：给厨房“做造型”

如果厨房空间比较小或布局不合理，那么就要对厨房进行改造，才能安装洗碗机。在改造时，需要提前规划好洗碗机的位置和水电线路，确保洗碗机能够正常安装和使用。厂家会根据厨房的具体情况和用户的需求，提供个性化的厨房改造方案。

装洗碗机真不是大动干戈，顶多算给厨房“做个美容”。无论是老厨房还是新厨房，总能找到合适的解决方案——毕竟让双手告别洗洁精浸泡的日子总比纠结那几厘米橱柜更值当！现在就给厨房来个大变身，下顿饭就能用洗碗机“甩锅”啦！

2. 适合的才是最好的

选洗碗机容量就像选外卖——点少了不够吃，点多了浪费钱。买大了占地方，买小了还得手洗！选择时可根据家庭人口对号入座，找对适合你的“黄金容量”。

(1) 独居贵族

1 选择：4～8套（台式、水槽式或抽屉式）。

2 适用场景：外卖党，偶尔下厨，碗碟少。

3 能洗什么：1～2顿的碗碟+杯子，但锅得手洗。

友情提示

如果你是个“攒碗艺术家”，建议直接上8套，别委屈自己！

（2）二人世界

1 选择：8～13套（600mm高的独立式或嵌入式）。

2 适用场景：小夫妻/小情侣，日常做饭但不算“厨神”。

3 能洗什么：一顿饭的碗碟+小锅（比如奶锅），但炒锅还得手洗。

灵魂拷问

你爱攒碗洗吗？爱的话，直接上13套！

(3) 三口之家

1 选择：10～16套（700mm高的独立式或嵌入式）。

2 适用场景：有娃家庭，做饭频率高，偶尔聚餐。

3 能洗什么：全家餐具+几个小锅，甚至能塞下汤锅或炒锅。

隐藏福利

娃的奶瓶、辅食机配件也能丢进去消毒，爽歪歪！

（4）多孩家庭/三代同堂

1. 选择：16套以上（775mm以上的独立式、嵌入式或抽屉式）。

2. 适用场景：多孩家庭，三代同堂，天天开食堂。

3. 能洗什么：锅碗瓢盆一次性全包，炒锅、汤锅、砧板（非木质）都能洗！

血泪教训

别买小了！不然每天洗两次，洗碗机累，你也累！

容量选择的“潜规则”

1

“买大不买小”原则

除非你家真的碗少，否则大容量不会错！

2

“锅也要自由”

想连锅一起洗，至少买600mm以上高度和10套以上容量的！

3

“得房率”也很重要

市面上的洗碗机同等尺寸下可能有不同套数，甚至有时候尺寸更大的型号套数更小，所以选容量不能光看套数，要看外机尺寸和内腔容积，尺寸越大，容积率越高，能装的自然更多。

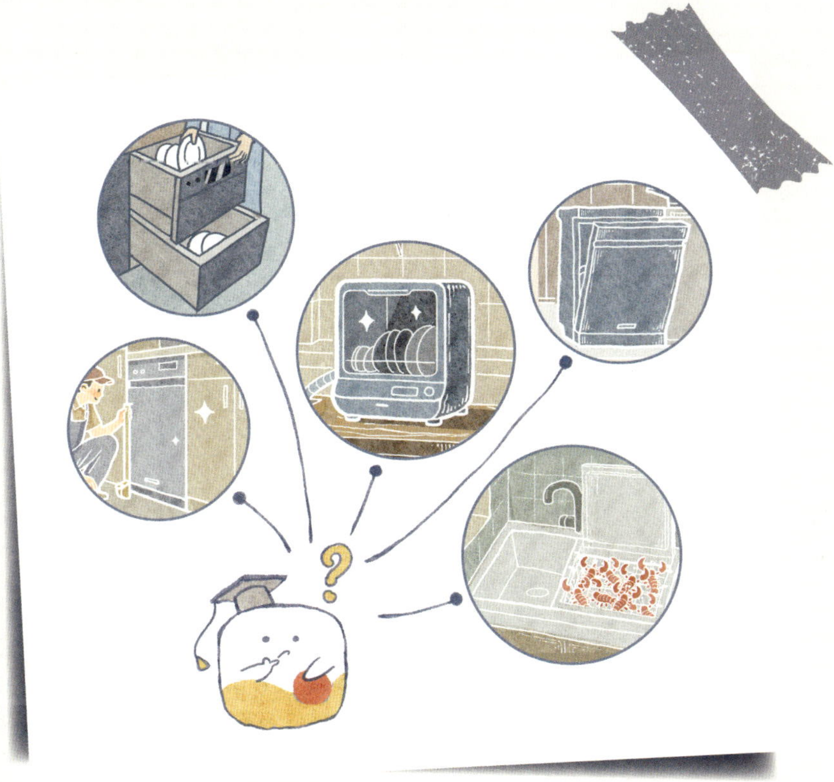

第四章

洗碗机使用秘籍

1. 这些东西放进去，洗碗机直接罢工

别以为把餐后沾满剩饭剩菜、裹着鸡蛋羹残渣，甚至还留着啃完的大块骨头的碗盘，一股脑儿塞进洗碗机，就叫彻底解放双手！

不做预处理 洗碗机直接“闹脾气”

最直观的就是碗洗不干净。大块残渣会堵在喷淋臂出水孔处，冲刷水流受阻，碗盘自然洗不透彻。而且被冲散的残渣还会重新附着在其他餐具上，造成二次污染。像残留的鸡蛋羹、奶酪这类污渍，经过高温变得格外顽固，后续想洗净可就难上加难了。

另外，不做预处理，洗碗机也很容易“受伤”。食物残渣堆积会堵住排水管，损坏水泵，影响水流循环，时间一长，机器可能直接“摆烂”罢工。而且在高温环境里，残渣会变成细菌的温床，异味也会随之而来，下次洗碗体验感直线下降。

预处理超级简单　做对就能轻松搞定

先用勺子、餐巾纸或橡胶刮刀，把碗盘里的剩菜、骨头这些大块残渣清理掉，防止堵塞滤网和喷淋臂，避免污染其他餐具；遇到残留的鸡蛋羹、炒菜的煳锅底这种难缠的顽固污渍，先用温水浸泡3～5分钟，等污渍软化后，再放入洗碗机即可。

记住，预处理是让洗碗机高效运转的秘诀！平时使用时，也别忘了定期清理洗碗机底部的过滤器，别让残渣捣乱影响排水。做好这些，才能真正享受洗碗自由，让洗碗机成为厨房的得力小帮手！

2. 摆盘玄学！洗不干净真不怪机器

明明认真给碗盘做了预处理，把大块残渣都清理干净了，可洗完还是油腻腻的，甚至还有污渍残留！这时别忙着怪洗碗机不给力，很可能是你在摆盘上踩了“雷区”！

洗碗机靠喷淋臂高压旋转喷水来冲刷污渍，所以餐具摆得好不好，决定了水流和洗涤剂能不能全方位“照顾”到每个角落。

正确的摆盘，首先要掌握分层逻辑：上层适合放玻璃杯、马克杯这类轻质餐具，倒扣并倾斜放置，既能沥干水分又方便水流冲洗；小勺子、叉子得老老实实地放在专用刀叉篮里，防止滑落挡住喷淋孔；下层则留给炒锅、烤盘等大件，以及汤碗、面碗这些深口餐具，以45°斜角摆放，让水流能直击碗底油污重灾区。

其次，就算想多塞点餐具，也千万别叠放！碗碟之间得留出空隙，让水流能畅通无阻地穿梭其中，不然就只能表面干净，藏在缝隙里的污渍根本洗不到。

另外，不同厂家的洗碗机也不一样，有些带可调节篮子，完全能根据锅碗瓢盆的大小灵活调整。关门启动前，一定要检查有没有餐具挡住喷淋臂，要是锅具太大卡住，再强的水流也白搭！

finish
亮碟
finish
亮碟
finish
亮碟
finish
亮碟

3. 加料攻略！洗碗凝珠、洗碗块……到底怎么选

每次洗碗都要加洗碗机专用洗涤剂吗？能不能用洗洁精代替？不同形态的洗涤剂到底怎么选？别慌！现在就来一场沉浸式洗碗机洗涤剂加料科普，手把手教你玩转洗碗“神器”。

划重点！每次洗碗都要加洗涤剂

想要洗碗机发挥最佳洗碗功力，洗涤剂可是必不可少的灵魂搭档。

洗碗机洗干净碗的三要素——水压、高温和洗涤剂，仨兄弟缺一个都玩不转！强力水压可冲洗掉餐具表面的松散污渍，高温可以加速分子运动速度，使得污渍更易剥离，而洗涤剂就像个厉害的污渍分解小能手，专门对付那些顽固的家伙，比如固化的油渍、粘连的淀粉渍、沉淀的有色污渍等。它把这些顽固污渍分解成小分子后，再由高压水流冲得干干净净，这样里应外合，才能让餐具焕然一新。

所以说，把餐具摆放正确只是完成了前半程，后半程把洗涤剂投放到洗碗机里，才算是给洗碗机充好电，让它能事半功倍地好好干活。

千万别用洗洁精！后果很严重

手洗用的洗洁精绝对不能往洗碗机里加！

洗洁精的设计初衷就是用于手洗，它在洗碗机的高温环境里可太不老实了：一遇高温就跟蹦迪似的疯狂冒泡泡，这些泡沫会堵住洗碗机的喷淋臂，让水流没法好好工作，甚至还会钻进机器内部搞破坏，腐蚀洗碗机，或者从门板溢出来弄脏地板，后果很严重！

所以为了洗碗好帮手能长久陪伴，一定要给它用专门的洗碗机洗涤剂。

这么多形态的洗涤剂，到底怎么选

市面上的洗碗机专用洗涤剂主要有洗碗凝珠、洗碗块、洗碗液、洗碗粉四种形态，各有各的优点，按自己的需要选择就行。

洗碗凝珠：懒人和颜值党首选

洗碗凝珠作为最新一代的产品，简直就是洗碗机洗涤剂里的“顶流”！第一次用洗碗机的用户选它准没错，直接开启终极洗碗体验。

从外形看，洗碗凝珠一般都有3个小舱，被软软的水溶性薄膜包裹着，保证了配方的活性，而且大部分情况下，里面1～2个舱是液体状态，溶解超快，起效也迅速。

论效果更是没的说！其超强清洁力不仅能洗干净过夜干巴了的锅碗瓢盆，还能预防水垢沉积，加速碗碟干燥以及保护滤网，功能多到让人惊喜。

从洗碗体验来说，洗碗凝珠使用也很方便，往洗碗机里一丢就完事，再也不用纠结该放多少，绝对是懒人福音。无论是新手还是老用户，都能被它征服，妥妥的顶配选择！

洗碗块：中阶性价比王者

洗碗块算是介于洗碗凝珠和洗碗粉之间的“中间派”，性价比相当不错。

它外形是规则的长方体，比洗碗凝珠更坚硬。在效果上，清洁力没的说，日常八大菜系的污渍都不在话下。也有预防水垢沉积、加速餐具干燥的功能，虽然溶解速度和去除顽固污渍的能力比洗碗凝珠稍弱一点儿，但胜在性价比高！

使用上和洗碗凝珠一样方便，一次用一块，从袋子里拿出来直接丢进洗碗机，轻松解放双手。

洗碗液：快洗程序爱好者必备

一听名字就知道，它是液体形态的，最大的优点就是溶解超快，是快洗模式的最佳拍档。家里突然来客人，想快速清洗一下放了很久的餐具，倒上20～30g洗碗液，和朋友聊会儿天、喝杯茶的工夫，餐具就洗得干干净净。

现在很多洗碗机都有智能投放功能，一些洗涤剂品牌也推出了适配的新款洗碗液，采用了耐高温酵素，就算在高温环境下，配方也能保持活性，稳稳地发挥作用。

洗碗机若有智能投放功能，记得加洗碗液。

洗碗粉：经典永流传，入门款

作为洗碗机洗涤剂里的“老大哥”，洗碗粉可是经典中的经典，很多人第一次接触洗碗机都是用它搭配的。

作为入门款，它主要搭载了基础清洁功能，日常家庭的餐饮污渍都能轻松搞定。

粉末的形态让用量很灵活，可以根据餐具的脏污程度和数量来调整，一般20～30g就够了。而且它还很百搭，能适配不同的洗碗机机型和洗涤程序，绝对是“全能选手”。

不过，它的配方侧重于基础清洁去污，若想提升餐具的闪亮效果，建议搭配漂洗剂和软水盐一起用，这样就能让洗碗效果“更上一层楼”。

小贴士

选洗涤剂记住以下口诀：

- 选专业能力强的（比如选头部品牌，实力过硬才能更放心）。
- 选更适合洗碗机的（看看洗碗机推荐用什么，跟着走准没错）。
- 选口碑好的（群众的眼睛是雪亮的，少走弯路）。

按需选择：无论是追求顶配体验的洗碗凝珠、性价比高的洗碗块、适合快洗的洗碗液，还是经典实惠的洗碗粉，都能让我们的洗碗机好好干活，解放双手，享受轻松洗碗时光。

4. 效果加倍！认清这三个仓位标识

选好了主洗涤剂，是不是突然陷入了深度思考：“这都该放哪?”别急，洗碗机的三个神秘仓位就是你的“外挂神器”！

雨刷标识仓：主洗涤剂的VIP座位

打开洗碗机的门，一眼就能看到那个像雨刷的标识，它就是主洗涤剂的专属“包间”！洗碗凝珠、洗碗块、洗碗液、洗碗粉，通通可以在这里“入住”。盖好盖子，一键启动，清洁力直接拉满！

小太阳仓：漂洗剂的“闪耀魔法”

主洗涤剂隔壁那个小太阳，可不是装饰！它是漂洗剂的“能量站”，专门负责让餐具“闪亮登场”。

为什么非用不可

1 漂洗剂可以降低水的表面张力，加快水珠分散蒸发，告别餐具上的“泪痕”水渍。

2 烘干效率大大提升，特别是塑料餐具不再湿哒哒。

3 玻璃制品洗后晶莹剔透，重获新品般的惊艳光泽。

玻璃杯雾蒙蒙，塑料盒总挂水珠，不锈钢餐具黯淡无光……漂洗剂一出手，立马还你“晶莹剔透”的快乐！

小贴士

加一次能用几十次！等小太阳指示灯亮起再补货就行（高级玩家还能在App自定义每次洗涤的用量，妥妥的“外挂”设置）。

"S钩"盐仓：软化硬水"神器"

洗碗机底部有个标识像"S钩"的仓位，那是软水盐的"战场"！北方水质偏硬，加热后残留的水垢白花花的，这就需要软水盐上场来制服硬水。

不可或缺的理由

1 硬水中的矿物质会与洗涤剂"打架"，软水盐就是最强"和事佬"，让洗涤剂性能100%爆发。

2 保护加热管不生水垢，省电又延长使用寿命（省下的钱能买很多包盐）。

3 餐具洗完不再有白雾残留，特别是玻璃杯更加晶莹剔透。

冷知识

首次为洗碗机添加软水盐时要先倒入500毫升水，然后将软水盐倒入洗碗机的盐仓中，直到盐仓满为止（千万别用食用盐代替！它们可是此“盐”非彼“盐”）。

迷你洗碗机用户注意

台式/水槽式洗碗机看这里，此类机型没有这三个仓，直接在主洗阶段把洗涤剂放滤网上就行。

但记住，漂洗剂和软水盐千万别放滤网里，要想防水垢，可以试试多效合一洗碗凝珠+机器定期保养，小身材也能保证火力全开。

5. 快洗还是强力洗？脏污程度说了算

用洗碗机时，不少人都纠结过，到底该选快洗还是强力洗？随手挑个程序看似省事，实则暗藏“坑”！

要知道，洗碗机是靠高压水流、洗涤剂和热水协同工作来清洁餐具的，而市面上丰富的洗涤程序——标准洗、强力洗、智能洗等，各有“脾气”，选错程序，轻则碗盘洗不干净，重则增加能耗、损耗机器！

想象一下，聚餐后满是火锅油、红烧肉酱汁的油腻腻碗盘，这时若选了“快洗”程序，短短半小时，水温、水压根本不足以溶解顽固污渍，最后碗碟依旧黏糊糊的；反之，只是吃了顿清淡的稀粥，餐具上只有零星残渣，却非要用“强力洗”，高温长时间冲刷，不仅白白消耗水、电，还可能加速餐具老化。

选择洗涤程序，匹配脏污程度才是关键

如何判断餐具的脏污程度呢？一般来说，轻度脏污的餐具表面无明显油渍，仅附着一层薄薄的食物痕迹，用纸巾擦拭基本可以去除，如盛放过凉菜、水果的盘子，喝水的杯子，早餐后未沾油的碗碟等。中度脏污的碗碟表面会有食用油、汤汁等液态油渍，肉眼可见油光，纸巾擦拭后仍有油印残留。重度脏污的碗盘上会附着固态油渍（如红烧肉油脂、烧烤酱等）或高温碳化残渣（如煎蛋焦糊、比萨饼底结块等），表面形成坚硬或黏腻的顽固污渍；此外，多人聚餐后，餐具量大，碗盘油腻程度高，也属于此类。

选对程序，既能洗净餐具又能省电省水

轻度脏污的餐具，用“快洗”就能搞定，着急用的餐具很快就能派上用场；“节能洗”则主打延长洗涤时间，降低能耗，适合日常轻度脏污的餐具。遇到中度脏污的餐具，选“标准洗”就稳了，70℃左右的水温，走完预洗、主洗、漂洗、烘干全套流程，轻松应对。要是碰上重度脏污的餐具，果断选“强力洗”，70℃以上高温配合长时间的主洗、漂洗，再顽固的油渍也能瓦解。

智能洗

现在很多洗碗机都有“智能洗涤模式”，它就像贴心的小助手，能自动识别餐具油污程度，精准匹配最合适的程序。要是实在拿不准怎么选，直接把选择权交给它，准能让洗碗机发挥出最佳清洁效果！

6. 保养大招！定期给洗碗机“洗个澡”

新洗碗机刚到手时简直是厨房“顶流”。那锃亮的碗碟、疯狂旋转的喷淋臂，妥妥的家务界“六边形战士”！

然而，用久了的洗碗机性能有可能会下降。打开机器一看，喷淋臂的小孔被水垢和残渣堵住了。底部滤网成了饭渣和油渍的“垃圾派对现场”，就连门封条都成了霉菌的“快乐老家”。再不好好收拾，洗碗机就没法用了！

别急，这就送上急救指南，手把手教你。

深度清洁教程

别以为抠抠滤网就万事大吉了！用久的洗碗机虽然表面看着光鲜，但是内里可能藏污纳垢，每月一次的深度清洁，才能让它重回战力巅峰！

第一步 拆卸藏污仓库

滤网可以说是藏污纳垢的大本营了，不过别担心，翻开说明书找到滤网位置，轻轻一按卡扣就能拆下来，然后用最大水流冲洗，“哗啦啦”几下，大块残渣就被冲跑了。

第二步 召唤清洁“神器”

- 认准“去水垢+溶油垢”双效合一的专用清洁剂。
- 倒扣在碗篮底部（像放烟花一样简单）。
- 启动“标准洗”或“强力洗”程序（“快洗”是洗不干净的）。

第三步 设定清洁时间

- 每天使用洗碗机，每次使用后检查并清洁滤网，每月进行一次深度清洁。
- 每周使用2～3次洗碗机，每次使用后检查并清洁滤网，每季度进行一次深度清洁。

洗碗机专用
清洁剂

拒绝自制清洁剂（小苏打+醋=洗碗机杀手）。
醋
专业清洁剂才是真爱（认准大品牌，买1次能用半年）。
小贴士

第五章

隐藏技能大揭秘：洗碗机还能这么玩

1. 万物皆可洗！小龙虾、乐高……打开新世界的大门

当你还在纠结选哪款洗碗机时，洗碗机用户已经玩出花了——油乎乎的调料瓶、沾满手汗的麻将、小宝宝的奶瓶、乐高积木……只要塞得进去，就没有它搞不定的！连厂家都没想到的招，愣是被这届机智用户开发得五花八门，洗碗机直接升级成了“万能清洗站”，真正上演了厨房的华丽逆袭！

小孩玩具

孩子日常玩耍的玩具藏污纳垢，如硅胶牙胶总是沾满口水，塑料摇铃容易沾上辅食残渣，塑料积木缝隙里常藏着饼干碎屑……

玩具放进洗碗机之后，高温水流会像无数个小刷子360°冲刷缝隙，无论是乐高积木凸点间的饼干渣，还是玩偶眼睛边缘的果酱渍，都能被强劲水流瓦解。洗碗机的高温除菌功能更是关键，能有效灭活玩具表面的细菌，尤其针对孩子常舔咬的部位，比手洗更彻底。孩子边玩边舔咬玩具时，你再也无须担心了。

日常生活里的奇葩洗

周末朋友来家里搓麻将，散场后直接把一堆麻将牌“哗啦”倒进洗碗机。洗完拿出来一看，麻将比新买的还光亮，跟刚做过高级抛光似的！

风扇叶片积了灰，拆下来费劲，擦起来更费劲，直接扔进洗碗机！强力水压冲走每道缝隙里的陈年老灰，105℃高温蒸汽顺便把霉菌也杀干净。洗完装回去，吹出来的风都带着一股清爽味，比手擦的干净多了！

难搞的生鲜

自己手洗小龙虾，洗到指甲缝发黑还怕洗不干净，杨梅、草莓上的残留让人心里不放心，洗碗机的喷淋臂开启360°无死角扫射，小龙虾的腹鳃、杨梅的褶皱、葡萄的果蒂……犄角旮旯里的脏东西全被冲得干干净净！洗完的小龙虾直接下锅爆炒，连虾头里都找不出一粒沙。

厨房油腻清洁难题

谁家油壶内壁不挂几层陈年老油，谁家锅刷的刷毛缝里不藏着点“油泥宝”？洗碗机的高温模式一开，105℃高温蒸汽先上去一顿“桑拿浴”，把那些顽固油垢彻底蒸软，紧接着强力水流安排上，一顿猛冲，洗完的调料瓶通透得能当放大镜使！锅刷的每根刷毛都支棱起来了，效果比你吭哧吭哧地用钢丝球蹭半天还到位！

过年大扫除，擦油烟机滤网擦到怀疑人生，现在好了，直接把那油乎乎的滤网往洗碗机里一丢，强力水压开启冲刷模式，洗完拿出来，那叫一个锃光瓦亮，跟家里人用钢丝球、洗洁精奋战两小时的成果一模一样！省下的时间，舒舒服服地追几集剧不香吗？

小贴士

骨瓷碗、水晶杯、涂层锅等容易被磨损的餐具或厨具，不建议用洗碗机清洗；还有木质砧板等会因为高温烘干而变形或开裂，容易变色的铝制、银制品，洗碗机也洗不了。每款洗碗机的可清洗范围不同，一定要仔细研究说明书。

2. 跨越物种：猫碗能洗

如今养宠家庭越来越多，毛孩子从“看家伙伴”变成了家庭成员，连它们的饭碗清洁都成了铲屎官的必修课。毕竟残留的食物残渣和细菌，分分钟可能让宠物闹肠胃炎、得口腔疾病，甚至藏着沙门氏菌、大肠杆菌这些对人宠都有威胁的“隐形杀手”！那么问题来了，宠物碗盆能丢进洗碗机吗？

宠物碗盆清洁很重要

每天舔舐的碗盆里，潮湿的残渣就像细菌培养皿，猫粮里的油脂用清水冲根本不管用，就连饮水机里都会悄悄长出黏滑的生物膜。这些看不见的“脏东西”，光靠手洗很难彻底消灭，但换成洗碗机就不一样了。现在主流的宠物碗盆多是陶瓷、不锈钢材质，和人类餐具一样能耐得住高温高压，只要不是不耐热的塑料碗，放进洗碗机完全没问题。

洗碗机可对宠物碗盆进行高温杀菌

洗碗机的“秘密武器”—— 高温杀菌，再配合喷淋臂的强力冲刷，比手洗更能瓦解油渍和杀灭病菌。手洗时你可能懒得仔细刷碗底缝隙，洗碗机却能360°无死角地冲洗，连隐藏的污垢都能洗掉。

如果心里硌硬的话，单独买个小容量洗碗机专门洗宠物碗盆，或者每次用洗碗机时把宠物碗盆放在上层单独区域，既能享受高效清洁，又能打消顾虑。

对毛孩子来说，干净的碗盆才是健康的第一步；对铲屎官来说，解放双手的同时还能给宠物更彻底的清洁，何乐而不为呢？下次给猫主子换粮时，不妨试试让洗碗机来“跨界服务”，说不定会打开养宠生活的新大门！

3. 避雷清单！放进去就“翻车”的物品大曝光

在现代生活中，洗碗机虽然是厨房得力助手，但若使用不当，也会状况百出。下面为你盘点不宜放入洗碗机的餐具，帮助你避开使用“雷区”。

木质餐具

木质餐具，如木碗、砧板等，堪称被高温逼出“生存焦虑”的脆弱选手。木材是天然多孔性材料，对温度和湿度变化敏感。洗碗机工作时，热水冲刷及干燥过程中的热量变化会使木材内部水分快速流失或吸收，导致内部应力失衡而弯曲变形。变形后不仅影响使用，还可能滋生细菌。曾有网友称“祖传”枣木砧板洗一次就变波浪形，只能当装饰品。

铜质餐具

铜质餐具放进洗碗机，会经历从“贵族”到“乞丐”的颜值崩塌。铜在空气中易与氧气、水蒸气反应生成铜锈，而洗碗机内的高温和弱碱性洗涤剂会加速铜的氧化，使其表面失去光泽，从而变暗淡。同时，在高温洗涤下，铜的良好导热性可能会使餐具加速老化和被腐蚀，影响使用体验。有网友晒图，自家铜火锅洗几次后，亲戚问是不是从旧货市场淘的老物件。

不粘锅和软塑料制品

不粘锅和软塑料制品是洗碗机的“禁忌对象”。不粘锅表面涂层在高温下可能发生化学变化导致脱落，不仅影响不粘效果，还可能释放有害物质。软塑料制品多由聚乙烯等材料制成，玻璃化转变温度低，在洗碗机高温清洗和干燥时会软化变形。

水晶餐具

水晶餐具则是“拥有玻璃心的贵族”。水晶虽然硬度高但抗冲击能力弱，洗碗机工作时高压水流的冲击力可能在其表面产生局部应力集中，超过承受极限就会破碎。若有清洗需求，需选择相应程序，精准控制水压，保障洗净不损坏。

洗碗机给生活带来便利，在使用时需提前了解各类餐具特性，避免放入不适合的餐具，这样才能既保护好餐具，又让洗碗机更好地服务生活。

第六章

用户体验：用过的人都在疯狂“安利”

1. 陶老板的“洗碗救赎记”：从油腻战场到厨艺大展

——陶老板（36岁），物流公司管理者

其实我对我的生活没什么不满意的，除了一件事。先给大家介绍一下我自己，我今年36岁，管理着一个不大不小的物流公司，老婆温柔，孩子可爱，和父母一起生活，为了舒服点我们家还买了一个300多平方米的大房子。虽然工作繁忙，但我很爱做饭，治大国若烹小鲜，如果饭都不会做、不会吃，还谈什么别的宏图伟业。因此，只要有时间，我一定下厨烧饭给家人吃，全家人都喜欢我做的美食。

你可能说，你年轻有为、家庭美满又生活幸福，吃饱喝足还有什么不满意的？其实我是对厨房不满意，我的烹饪大业前面完美、后面拖沓，尤其是饭后的洗碗工作。作为处女座的我，希望能独立地、完美地完成“烹饪美食”这件事从开端到结束的一切，从设计菜式到选购食材，再到加工料理摆盘上桌，这些既充满想象力又彰显技术的事我都喜欢做，但杯盘狼藉的饭后工作，尤其是洗碗，真的让我无法忍受，毫无秩序、油腻难忍，还浪费生命！

我们是四川人，尤其喜欢辣炒与火锅，全家都喜欢吃我做的饭，觉得更新鲜、味道更好，甚至有朋友还会拖家带口轮着来蹭饭。可每次他们吃开心了，拍拍肚皮喝茶、打麻将的时候，就是我对着一堆沾满红油的碗碟锅盆头皮发麻的时候。“那个油啊，手搓三遍都是滑的！”父母年纪大了，腰和腿都不好，老婆带娃辛苦，我常对他们说“我来洗碗，你们洗得不干净”，其实是心疼他们。听着隔壁哗啦哗啦搓麻将，我在厨房里哗啦哗啦搓盘子，心里别提多痒了！

有一天，终于轮到我去同学家蹭饭了，他是一名大学老师，家在离我们不远的省会城市。我发现他家东西样样都挺新潮，不仅有挂在墙上的洗衣机，还有能自己炒菜的料理机。怪不得这个什么都不会的书生也能做出一桌的美味了，我心里暗笑。但吃过饭收拾过碗筷，他家竟然全都在客厅跟我们喝茶聊天，没有一个在厨房洗碗的，是不是请了阿姨？我拉着他去楼下的小花坛聊天。

他说：“君子远庖厨。”

我说：“你不就是懒吗？”

他说：“家和万事兴，以前一说到洗碗就全家吵架，影响心情！”

我说：“又上纲上线了……”

他说：“我们家请不起阿姨，但是可以买个洗碗机。虽然是一怒之下买的，但现在每天都在用，太值了！”

我说：“立刻安排！”

回家后我研究了一下，我家厨房已经装修好了，装嵌入式

的洗碗机要拆柜子有点儿麻烦，但我们家面积大，可以来个像洗衣机那种独立式的洗碗机，找个地方立那儿就行了，接个电源和上下水就搞定，而且这种独立式的洗碗机容量还大，火锅、炒菜煮汤锅、牛排煎锅、油烟机滤网什么的都能直接扔进去洗，多洗几次就回本。我立马下单了一个16套的独立式洗碗机，自从有了洗碗机，我终于可以经常做毛血旺、红糖糍粑、粉蒸排骨这些菜了。

关于洗碗机，我的心得是：买大不买小，能洗锅是硬指标，所以13套以下的就别考虑了，最好买16套或者18套的。还有，如果像我一样是装修好的房子又不想拆柜子折腾的，就来个独立式的洗碗机，像滚筒洗衣机的那种，很方便，插电通水就能用。最后，求人不如求己，问别人不如问自己，该不该买？谁干活谁知道！

（本案例由美的提供）

2. 老战友洗碗记：水槽式洗碗机成了我俩的结盟书

——刘姨（68岁）、陈伯（72岁），
相濡以沫45年，即将迎来金婚的夫妻

唉，金婚这层温情的滤镜，终究是被这老腰老腿的酸疼给戳破了。我和老陈风风雨雨几十年过来，才明白“少年夫妻老来伴”的意义。听女儿说，原本担心我们老两口在家出状况而装的监控，早就变成了我们这么多年“革命情谊”的现场直播。

就比如那天早上，刚吃完早饭，老陈一手扶着腰，慢腾腾地蹭到水池边。我眼瞅着他把沾着饭粒菜渣的碗碟和那个泡着他假牙的玻璃杯一股脑儿摞进水池！那水浑浊的哟……我实在忍不住，举着他那刚从水里捞出来、还挂着米粒的假牙托，没好气地说：“老陈，你这是腌咸菜呢？”腰上还贴着膏药的老陈倒是一点儿不心虚，理直气壮得很：“多大事儿？水冲三遍不就干净了！你这人就是瞎讲究，较真儿能当长寿药吃啊？”

这样的对话，简直是我俩的“战时日常”。我这个人有点儿强迫症，碗筷必须洗得跟医院消过毒似的才放心。可我们家老陈呢？人家奉行的是“眼不见为净”的战地生存法则。每次看见他洗完的碗，在厨房窗户透进来的阳光底下隐隐约约泛着一层彩虹似的油光，我这突出的腰椎间盘啊，就开始跟着幻痛！忍不住说他两句吧，老兵的防御话术几十年如一日——“嫌不干净？那你洗啊！”听听，这像话吗？我气得回怼：“我这腿！我这腰！能洗吗？”“不能洗你就别管，你想气死我，你好提前守寡是不是？”好了，就这一句话，厨房里立刻硝烟弥漫。

转机来得有点儿戏剧性。那天女儿风风火火地回来，手里举着个试剂卡，对着我刚认认真真手洗了三遍的菠菜一测——唰！卡片变蓝……“你们看，农药残留严重超标！”那张试剂卡像一道惊雷，把我那种“高标准严要求”的洗菜方式劈了个七荤八素。

紧接着，老陈那脆弱的腰又给他致命一击——多次因为弯腰洗碗，累得直不起腰，直接躺倒了。这下，女儿彻底没了耐心，直接拍板，买了台水槽式洗碗机，把原来的旧水槽替换掉，站着就能操作，既能洗碗又能洗菜，还能去除残留的农药。

嘿，你还别说，这小东西一进门，立刻摇身一变成了我们的“厨房专职清洁工”。老陈那点不服输的劲儿，全用在了开发“洗假牙专用篮”这种稀奇古怪的功能上。我呢，则把洗碗机的“湍流洗”功能开发到了极致，专门用来洗小龙虾，每次洗得干干净净，成了我跟老姐妹聚会时必炫耀的“高科技秀”。

三个月下来，变化实实在在。我和老陈腰疼的次数越来越少了，也不会因为洗碗洗菜而吵架了！这台洗碗机也成了我和老陈的金婚“维稳器”。

（本案例由方太提供）

3. 我的周末“躺平”秘籍：美食、薯条，还有它

——阿喆，独居的打工人

我是阿喆，一个普普通通的打工人，一个人生活在这个繁华都市的一角。周一到周五，生活像上了发条，但周末，那个40平方米的出租屋就是我专属的小天地。我最爱捣鼓美食，无论是给自己精心准备一份“一人食”，还是呼朋引伴来场聚会，厨房里的烟火气总能让我满血复活。当然，我的小窝里还有位重量级“室友”——一只名叫“薯条”的大橘猫，它那毛茸茸的存在，就是最天然的治愈剂。

每个周末，对我而言都是一场小小的仪式。独自一人时，我会细细挑选食材，在厨房里哼着小调，锅铲翻飞间香气四溢。想象着即将入口的美味，心里就美滋滋的。饭点一到，端着热腾腾的饭菜，窝进沙发，脚边是呼噜噜打盹的薯条，眼前是最爱的剧集——那一刻，所有工作的疲惫仿佛都被熨平了。朋友们来时更热闹，几道拿手好菜，几杯小酒，笑声满屋，时光飞逝。

然而，这份幸福感每每在杯盘狼藉时戛然而止。看着水槽边堆积如山的油腻碗碟、黏糊糊的汤碗，还有那些沾满残渣的锅具，刚刚建立起来的悠闲感瞬间崩塌。我不得不放下遥控

器，或者轻轻推开正蹭着我撒娇的薯条，深吸一口气，扎进厨房开始“战斗”。热水、洗洁精、海绵擦……一遍遍冲刷，手指发皱，腰也发酸。这感觉，简直像把周末的尾巴又拖回了加班的烦躁里，“追剧撸猫”的美好计划，只能无奈地变成“等会儿再说”。

直到有一天，我的出租屋迎来了一位“新成员”——洗碗机。

起初只是抱着试试的心态。第一次把那些油腻的碗碟一股脑儿放进去，轻轻一按，听着它安静地开始工作，我还有点儿不习惯。但就是从那一刻开始，我的周末真的被改写了。

现在，美食盛宴结束后，我不再感到沮丧。如果是我自己用的那些精致碗碟和小件，轻轻拉开上层的抽屉放进去，选好模式启动就好。朋友们聚餐后的“战场”也不怕，上下两层抽屉空间足够，油污重的锅具和碗碟分开洗也完全没问题，就连薯条的水碗、饭盆也能放进去。最关键的是，做完这些几乎不费什么力气，我终于可以立刻进入“躺平”状态。

在洗碗机轻柔的工作声中，看着薯条在旁边安心地打盹，我心里忍不住感叹：这个小改变，真是给平凡生活带来了最温柔也最实用的惊喜。它让我真正拥有了周末时光——放下碗筷，就能立刻抱起薯条，舒舒服服地窝回沙发，追着落下的剧集。那份纯粹的放松，终于不再被水槽边的“小山”阻隔。这才是我想要的，简单又踏实的周末“小确幸”。

（本案例由海尔提供）

4. “洁癖”医护人员推荐：真消毒，才算洗干净

——李护士长（80后），有“洁癖”的护士长

我是一名护士长，来聊聊“真干净”这件事。

我的手是出了名的“无菌标杆”，“七步洗手法”闭着眼睛都能做标准。可每次下班回到家，看到水槽里那些我老公（老张）洗得“锃光瓦亮”的碗碟，我这职业病就忍不住犯嘀咕：“这碗，真的‘干净’了吗？”

老张总是一脸自信：“洗洁精搓了三遍！清水冲了五次！你看多亮！”但我指尖一滑过碗壁，那点微乎其微的滑腻感就逃不过我的触觉。

看着干净，不等于吃着安全。作为护士的我知道，普通手洗就算碗亮得像镜子，也只是洗掉了看得见的油污，那些看不见的细菌、病毒可能还藏着呢！以前也想过单独买消毒柜，但占地方、费电。买洗碗机？“真的能洗干净吗？”我内心总有一个疑问。直到遇到了这台洗碗机，我这根紧绷的“消毒神经”才算真正放松下来。我的要求可能有点儿“职业病”般的苛刻，但它都做到了。

对我来说，能消毒除菌是最重要的！它就是用持续高温煮洗，先干掉绝大多数常见的有害细菌和病毒，再用紫外线无

死角地照射，这套流程对于在医院工作的我来说再熟悉不过了！像常见的幽门螺杆菌、大肠杆菌、脊髓灰质炎病毒等多种致病菌都逃不过它的高标准消杀！简直达到了“医护级零菌标准”，确实让我放心！可是消毒杀菌之后，不代表细菌不会再次繁殖。要知道，水可是细菌的温床！所以它的烘干效果必须彻底。为此我特意观察了一段时间，用它洗完的碗碟、筷子，甚至机器内壁，都是暖暖的，干干爽爽一点儿水汽都没有。洗碗机能直接当碗柜用，既不怕滋生细菌，又不用盯着洗碗机洗完，把碗掏出来。洗碗、消毒、烘干、存放它都做到了“零菌承诺”，这下我是真省心了！

现在家里聚餐后，看着那一大堆油乎乎的碗盘、切过生肉的砧板，还有难洗的红酒杯，老张再也不发怵了。它15套的大容量，餐具都能一次塞进去！甚至宝宝的奶瓶、辅食碗、玩具，老公的剃须刀头，我自己的眼镜，也能通通塞进去！

选择这台机器，就是为全家“入口的安全”筑起一道坚实的防线。这真不是我矫情，而是对健康的敬畏，对安全底线的坚持。

（本案例由老板电器提供）

5. 俩娃家庭的甜蜜守护

——李先生（90后），有儿有女的俩娃家庭

我是李先生，俩娃奶爸，聊聊洗碗机怎么“救了”我们两口子的命。

家有3岁的皮猴儿子和1岁的软糯闺女，这小日子啊，甜蜜是双份的，可这活儿也是翻着倍地涨！每次吃完饭，瞅着水槽里堆成小山的碗碟和奶瓶，那点幸福感“唰”地就变成了实实在在的“压力山大”。

光是俩娃的家伙什就够瞧的：防摔碗、分格盘、吸盘碗、小水杯、奶瓶……再加上我们大人用的锅碗瓢盆……哄睡俩“祖宗”已经累得脱层皮，还得强撑着在厨房里“战斗”。“这哪是洗碗？天天像在厨房里打仗一样！”我揉着发酸的后腰直叹气。老婆也直呼：“我更惨！哄睡一个，另一个又闹，好不容易俩娃都安静了，还得硬着头皮跟你一起收拾这‘战场’，手也糙了，老腰也快断了。”洗碗，真成了压垮我俩的“最后一根稻草”。所以痛定思痛，我们决定，必须尽快搞定“洗碗”这件事，买洗碗机！

我们的要求吧，说白了就那么几点：容量必须大！然后洗得还得干净！最好还是智能的，别让我费心！带俩娃已经够费

神了，哪有空研究洗碗机那些复杂按钮？最好它自己能看出来碗有多脏，自动选个最合适的模式，我按一下“开始”就完事儿，省心！最后“烘干”必须得透透的！孩子用的东西，最怕潮乎乎地滋生细菌。洗完拿出来，碗碟和杯子摸上去必须是干干爽爽、温温热热的，随时拿起来就能用，这才放心。

厘清思路之后，需求就简单了，我们舍弃了一个橱柜的空间，把一台18套超大个儿的嵌入式洗碗机稳稳当当地安在了我们的厨房里。嘿，这改变，立竿见影！

晚饭后几分钟，那些沾满油污、奶渍的锅碗瓢盆，就被我们一股脑儿请进了洗碗机。手指头一点“开始”，世界瞬间清净了！周末家庭聚餐，留下那堆“杯盘狼藉”——锅碗瓢盆、油腻的烤盘、沾满酱料的砧板……也照样能一次全塞进去洗干净！我终于能在饭后跟全家人一起坐着喝杯茶、聊聊天，再也不用在厨房里“加班”了。

最让我和老婆惊喜的是，宝宝的辅食碗，连那些细小的缝隙都洗得锃亮，摸上去干干的、有点儿“沙沙”的感觉，一点儿滑腻感都没有。玻璃杯洗得透亮，像新买的。就连平时最难搞的、蒸蛋羹留下的顽固痕迹，也消失得无影无踪。

省下来的时间，太宝贵了！我能多陪精力旺盛的儿子搭会儿积木，老婆也能安安心心地给闺女做做抚触。晚上，我俩甚至能窝在沙发里看会儿剧，享受会儿难得的二人世界。“感觉生活节奏都慢下来了，压力小了好多。”老婆这话，真是说到我心坎上了。

“以前总觉得洗碗机是锦上添花，现在才明白，对我们这种俩娃家庭，它简直是‘雪中送炭’！”我真心感慨。那台大容量的洗碗机，洗干净的何止是碗碟？它把我们两口子的疲惫也一起“洗”掉了，腾出了宝贵的时间，让我们能更专注地享受双倍甜蜜（虽然也双倍闹腾）的带娃生活，体验真正轻松温馨的家庭时光。现在，不管水槽里堆了多少“挑战”，我们都能淡定应对了。

（本案例由博西家电提供）

6. 八年老用户强烈“安利”：洗碗机和它的最佳伴侣

——小王（35岁），新手爸爸

初遇时的怀疑

说实话，当初买洗碗机的时候，我和老婆差点儿因为这个吵起来。我总觉得：“花大几千买个洗碗的？有这钱不如换个新手机！”最后还是老婆拍板，硬是买了一台。

刚装好的时候还不会用，以为直接把脏碗放进去，然后按启动键就行了。结果一个多小时洗完，饭粒没冲净，玻璃杯上全是水渍印子。老婆皱着眉头说：“这洗得还不如不洗呢！”洗碗机难道就这水平？

当晚她就在网上做了一番功课，原来洗碗是要加专业洗涤剂的，就像用洗衣机要加洗衣液一样。于是，当即在网上下单了洗碗粉。

加了洗碗粉之后，我们才知道洗碗机有多香！别说盘子和碗了，我那口用了三年的不锈钢炒锅，锅底的油垢居然都被洗掉了，可算是还了洗碗机一个清白！

新手父母的救赎

2020年女儿出生后，洗碗机更是帮了大忙。以前听人说，宝宝餐具要单独洗，开水烫，甚至用奶瓶消毒机，就怕交叉感染。女儿吃辅食那会儿，我们也小心翼翼——大人的扔进洗碗机，宝宝的专用碗筷手洗。但宝宝的餐具，奇形怪状，带研磨纹路的辅食碗，犄角旮旯洗到怀疑人生，稍不留神就有残留，梅雨天真能长霉点！我都想着要不要再给宝宝单独买一台洗碗机了，后来看到洗碗凝珠包装上写了杀菌率99.99%，那就没什么好担心的了。这下彻底解放了——直接把宝宝的餐具一起放到洗碗机里面洗，一颗洗碗凝珠，无论是肉眼可见的污渍还是看不见的细菌、病毒都能洗干净，养娃路上又轻松了不少。

几年如一日的稳定表现

上周家里大聚餐，饭后的碗在水池堆成山。我把碗放进洗碗机里，就丢了一颗洗碗凝珠进去，洗完的碗碟非常透亮！小姨拿着碗翻来覆去地看，直念叨："这洗得比手搓的还亮堂！"

用了这么多年，最服气的就是洗涤剂从没掉过链子！我家洗碗机都更新换代了，但洗涤剂始终靠谱。无论是娇贵的红酒杯，还是糊满牛油火锅红油的碗碟，通通拿下。看着它这些年从洗碗粉升级到洗碗块，再到现在的多效洗碗凝珠，每次升级都带来惊喜——已经这么强了，还在不断地变更好！

现在家里洗碗机一天至少开一次。算下来，一颗洗碗凝珠也就一瓶水的钱，比请保洁划算太多。最关键的是，家里再也没人为“今天谁洗碗”拌嘴了。

要是有人问我装修最后悔什么？我肯定大声说：“后悔没早买洗碗机！”没有好搭档的洗碗机，只是个机器，配上真正给力的洗涤剂，它才是解放双手、洁净无忧的厨房“神器”！

（本案例由finish亮碟提供）

7. 十年老用户血泪总结：选洗碗机，一步到位最省心

——陈先生（43岁），洗碗机十年老用户

说到洗碗机，我算是“第一批吃螃蟹的人”。用了十年洗碗机，好处是真享受到了，但老机器那些将就的地方也是真受够了！最近终于下定决心，跟我的“老伙计”说拜拜，换“新欢”了。这十年踩过的坑，总结成几条干货分享给大家，希望你们别重蹈我的覆辙。

第一条 买大不买小

别纠结，听我的，优先选大容量，只要能放得下，越大越好！别怕太大用不上。大了好处多：三餐的碗筷攒一起洗，省水省电还省事！如果你想每顿都洗，就选有“分区洗”“分层洗”的型号，只洗半层餐具也完全没问题。反过来，容量买小了，等着哭吧！碗碟一多就得分开洗两次，太麻烦了！

第二条 装不装得下

嵌入式适合正在装修或打算大改厨房的朋友。但千万要提前量好尺寸！不然安装师傅来了只能干瞪眼。独立式是租房、

小厨房、不想动装修的首选！插上水电就能用，跟洗衣机一样方便。缺点嘛，就是外观可能跟你家厨房风格不太搭。厨房空间小的可以考虑水槽式，但是选择型号时，得看看能不能搞定你家“祖传”的大铁锅，小心它塞不下！

第三条　洗得干不干净

喷淋臂、水压、水温是决定洗碗机洗得干不干净的重点。喷水的“手臂”越多、覆盖越广，洗得越干净无死角。单层直接不及格，双层刚及格，三层才是优等生！最好选那种喷淋臂能灵活伸缩、调整角度的，像变形金刚一样，不管碗碟怎么摆，犄角旮旯都能冲到水，再刁钻的污渍也不怕。光有三头六臂还不够，水压得“有劲儿”。基础水压要够，水压越大，洗顽固油污越轻松！最后高温水流，不光要洗掉污渍，还得杀灭细菌。

第四条　烘得干不干

古早款式洗碗机，用余温烘干，经常第二天打开可能还有水珠，跟开盲盒似的，潮湿容易有味。现在的洗碗机多用热风烘干，像给碗碟吹暖风一样，效果更好。

第五条　存储安不安心

我以前的老洗碗机，过滤器底下总有排不干净的脏水。要是周末出去玩两天，回来一开门——嚯！一股怪味！打开过滤器一看，里面还存着黄黄的脏水。

这次换新，我铁了心要解决这问题！做足功课，发现现在的主流型号洗碗机，洗完碗后一点儿水都没了，还能存放好几天！现在就算劳动节、国庆节等长假回来，打开洗碗机，也一点儿异味都没有。

（本案例由华帝提供）

致谢

本书在编写过程中得到以下企业的大力支持，在此一并表示感谢！

博西家用电器（中国）有限公司
利洁时（中国）投资有限公司
宁波方太营销有限公司
青岛海尔洗碗机有限公司
芜湖美的厨卫电器制造有限公司
杭州老板电器股份有限公司
华帝股份有限公司